BEI GRIN MACHT SICH IHR WISSEN BEZAHLT

- Wir veröffentlichen Ihre Hausarbeit,
  Bachelor- und Masterarbeit

- Ihr eigenes eBook und Buch -
  weltweit in allen wichtigen Shops

- Verdienen Sie an jedem Verkauf

Jetzt bei www.GRIN.com hochladen
und kostenlos publizieren

L. Ralfs

Thematische Karteninterpretation. Zentrale Orte und Stadtrandkerne von Schleswig-Holstein

GRIN Verlag

Bibliografische Information der Deutschen Nationalbibliothek:

Die Deutsche Bibliothek verzeichnet diese Publikation in der Deutschen National-
bibliografie; detaillierte bibliografische Daten sind im Internet über http://dnb.d-
nb.de/ abrufbar.

Impressum:

Copyright © 2014 GRIN Verlag GmbH
Druck und Bindung: Books on Demand GmbH, Norderstedt Germany
ISBN: 978-3-656-74586-0

Dieses Buch bei GRIN:

http://www.grin.com/de/e-book/280422/thematische-karteninterpretation-zentrale-
orte-und-stadtrandkerne-von

Thematische Karteninterpretation – Zentrale Orte und Stadtrandkerne von Schleswig-Holstein

Hausarbeit

Inhaltsverzeichnis

1. Interpretation der zentralen Orte und Stadtrandkerne von Schleswig-Holstein

Im Rahmen dieser Hausarbeit soll das vorliegende thematische Kartenblatt der Zentralen Orte und Stadtrandkerne von Schleswig-Holstein untersucht werden.

Zunächst wird die vorliegende thematische Karte eingeordnet. Anschließend wird diese im Rahmen einer Interpretation beschrieben und erklärt.

1.1 Einordnung des Kartenmaterials

Die vorliegende thematische Karte zeigt die zentralen Orte und Stadtrandkerne von Schleswig-Holstein, dem nördlichsten Bundesland Deutschlands. Es ist das gesamte Bundesland von Schleswig-Holstein dargestellt und durch eine helle Farbe hervorgehoben. Angrenzend, durch eine dunklere Farbe gekennzeichnet, sind Hamburg, Niedersachen, und Mecklenburg- Vorpommern, sowie im Norden Dänemark. Diese Karte liegt im Maßstab 1:1.000.000 (1cm = 10km) vor und wurde von der Abteilung der Landesplanung und Vermessungswesen des Innenministeriums des Landes Schleswig-Holstein herausgegeben. Sie stellt die zentralen Orte und Stadtrandkerne von Schleswig- Holstein dar, die den Stand vom 1. Oktober 2009 darlegen. Dieses Bundesland liegt in der UTM Zone 32N WGS 1984.

Die zentralen Orte und Stadtrandkerne werden durch Punktsignaturen kenntlich gemacht. Die Kreisgrenze wird durch Liniensignaturen dargestellt.

Die zentralen Orte sind ein raumordnerisches Instrument. Die zentralen Orte und Stadtrandkerne haben eine für ihre Verflechtungsbereiche übergemeindliche Versorgungs-, Arbeitsmarkt- und Wirtschaftsfunktion. Es soll mit Ihnen die Daseinsvorsorge bzw. zur Grundversorgung der Bevölkerung überörtlich gesichert werden. Für jeden Menschen muss im Bundesland ein höher gelegeneres Zentrum in zumutbarem Maße zu erreichen sein, um Angebote wahrnehmen zu können.

Die zentralen Orte unterteilen sich in Oberzentrum, Mittelzentrum, Unterzentrum, ländlicher Zentralort, Stadtrandkern I. Ordnung, Stadtrandkern II. Ordnung. Die zentralen Orte haben unterschiedliche Versorgungs- und Entwicklungsfunktionsstufen.

Diese sind hierarchisch nach ihrer räumlichen Relevanz, in Bezug auf die übergemeindliche Versorgungs-, Arbeitsmarkt- und Wirtschaftsfunktion, geordnet.

Außerdem kommt es bei der Einteilung der Zentren nicht nur auf die gegebenen Daseinsfunktionen an, sondern auch auf die Bevölkerungszahl im Nah-, Mittel,- oder auch Oberbereich des zentralen Ortes.

Ländliche Zentralorte haben im Nahbereich die Aufgabe der Grundversorgung (Grundbedarf). Im Nahbereich muss die Einwohnerzahl mindestens 5.000 betragen.

Unterzentren bieten ebenfalls den Grundbedarf für die Bevölkerung im Nahbereich, jedoch unterscheidet sich dieses Zentrum zum ländlichen Zentralort. Der Unterschied ist die höhere Bevölkerungsanzahl im Nahbereich, die Größe des zentralen Ortes und eine bessere Ausstattung. In einem Unterzentrum müssen im Nahbereich mindestens 10.000 Personen leben.

Unterzentren mit Teilfunktion von Mittelzentren sind Zentren außerhalb von Ordnungsräumen, die mindestens 10 Kilometer von Mittel- und Oberzentren entfernt sind und anteilig den gehobenen und längerfristigen Bedarf bei der Versorgungsfunktion decken können. Für die Festsetzung dieses zentralen Ortes benötigt es mindestens 20.000 Einwohner im Mittelbereich.

Mittelzentren und Mittelzentren weisen im Verdichtungsraum neben der Grundversorgung eine Versorgungsfunktion (gehobener Bedarf) und Zentralitätsbedeutung auf. In solch festgesetzten zentralen Orten existieren eine größere, vorhandene Wirtschaft und Ansätze der Industrie. Diese Zentren müssen im Mittelbereich über mindestens 40.000 Einwohner verfügen.

Oberzentren haben eine überregionale, wenn nicht sogar landesweite Bedeutung. Sie sind das Arbeitsmarkt-, Wirtschafts- und Versorgungszentrum der Region. Die Eigenschaften eines Oberzentrums gehen über das Unter- und Mittelzentrum hinaus. Es ist zusätzlich ein Angebot hochwertig und hochspezialisierter Güter und Dienstleistungen vorhanden.

Da im Umkreis von 10 Kilometer um Hamburg keine Mittel- und Oberzentren ausgewiesen werden sollen, werden **Stadtrandkerne I. und II. Ordnung** festgesetzt. Diese Orte erfüllen wichtige Teilfunktionen für die Bevölkerung im Nah- und Mittelbereich. Stadtrandkerne I. Ordnung werden ab einer Bevölkerungsanzahl von 20.000 ausgewiesen, Stadtrandkerne II. Ordnung ab einer Bevölkerungszahl von 10.000.

2. Interpretation

Im Folgenden wird die thematische Karte der zentralen Orte und Stadtrandkerne von Schleswig-Holstein interpretiert. Dazu gehört die Beschreibung der Karte, sowie anschließend die Erklärungen zur Festlegung der zentralen Orte. Um dies darzulegen, werden Aspekte wie die Historie, Wirtschaft, Gesellschaft und Politik mit einbezogen.

2.1 Beschreibung

In der vorliegenden thematischen Karte sind die zentralen Orte und Stadtrandkerne von Schleswig-Holstein dargestellt. Diese Punkte sind unregelmäßig im Bundesland verteilt. Unterzentren und noch kleinere Zentren befinden sich in Reichweite zu größeren Zentren. In jedem Kreisgebiet gibt es mindestens ein Oberzentrum, Mittelzentrum, oder Unterzentrum mit Teilfunktionen eines Mittelzentrums. In Schleswig-Holstein befinden sich in Küstennähe der Ostsee mehr Oberzentren, als an der Nordsee.

Aus der Punktsignatur ist erkennbar, dass der zentrale Ort mit der größten regionalen und überregionalen Bedeutung in Hinsicht auf Versorgung,- Wirtschafts- und Arbeitsmarktfunktion, das Oberzentrum als größten Punkt dargestellt wird.

Auffällig ist die Polyzentralität durch das raumordnerische Instrument der zentralen Orte in Schleswig-Holstein: Damit im gesamten Bundesland die Bevölkerung in zumutbarer Entfernung die zentralen Orte für die Versorgungs-, Arbeitsmarkt- und Wirtschaftsfunktion zur Verfügung hat, ist ein polyzentristischer Aufbau von Vorteil und durch den Staat vorgegeben.

In Schleswig-Holstein sind 4 Oberzentren, 5 Mittelzentren im Verdichtungsraum, 14 Mittelzentren, 9 Unterzentren mit Teilfunktionen eines Mittelzentrums, 37 Unterzentren, 39 ländliche Zentralorte, 1 Stadtrandkern I. Ordnung mit Teilfunktionen eines Mittelzentrums, 4 Stadtrandkerne I. Ordnung und 17 Stadtrandkerne II. Ordnung festgelegt. Dies macht eine Summe von 130 zentralen Orten in Schleswig-Holstein (Siehe Tabelle 1). 996 Gemeinden habe keine zentralörtliche Einstufung.

Die 4 Oberzentren haben eine Einwohnerzahl von 613.830, was einen Anteil von 21,6% an der Gesamtbevölkerung von Schleswig-Holstein bildet. Die Mittelzentren im Verdichtungsraum weisen eine Einwohnerzahl von 206.195 auf. Der Anteil an der

Gesamtbevölkerung ist 7,3 %. Mittelzentren machen mit 318.334 Einwohnern einen Anteil von 11,2% aus. Die Unterzentren mit Teilfunktionen eines Mittelzentrums haben bei einer Einwohnerzahl von 93.374 einen Anteil von 3,3 %. Die 37 Unterzentren haben durch eine Einwohnerzahl von 288.015 einen Anteil von 10,2%. Die 39 ländlichen Zentralorte weisen eine Einwohnerzahl von 112.423 auf, was einen Anteil von 4,0% an der Gesamtbevölkerung ausmacht. Die Stadtrandkerne der I. Ordnung mit Teilfunktionen eines Mittelzentrums haben nur einen Anteil von 0,9%. Die restlichen Stadtrandkerne I. Ordnung haben einen Anteil von 2,6% bei einer Einwohnerzahl von 74.643. Die 17 Gemeinden, die zu den Stadtrandkernen II. Ordnung festgelegt wurden, haben eine Einwohnerzahl von 204.373 und dadurch 7,2% Anteil an der Gesamtbevölkerung in Schleswig-Holstein. Insgesamt haben die zentralen Orte eine Einwohnerzahl von 1.936.703, was einen Anteil von 68,2% an der Gesamtbevölkerung von Schleswig-Holstein ausmacht. In den Gemeinden ohne zentralörtliche Einstufung leben 900.670 Menschen, die den restlichen Anteil von 31,7% bilden.

Zentrale Orte und Stadtrandkerne	Anzahl der Gemeinden Stand 31.12.2007	Einwohnerzahl am 31.12.2007	Anteil an der Gesamt- bevölkerung in %
Oberzentren	4	613.830	21,6
Mittelzentren im Verdichtungsraum	5	206.195	7,3
Mittelzentren	14	318.334	11,2
Unterzentren mit Teilfunktionen eines Mittelzentrums	9	93.374	3,3
Unterzentren	37	288.015	10,2
Ländliche Zentralorte	39	112.423	4,0
Stadtrandkerne I.Ordnung mit Teilfunktionen eines Mittelzentrums	1	25.516	0,9
Stadtrandkerne I.Ordnung	4	74.643	2,6
Stadtrandkerne II. Ordnung	17	204.373	7,2
Zentrale Orte und Stadtrandkerne	**130**	**1.936.703**	**68,3**
Gemeinden ohne zentralörtliche Einstufung	996	900.670	31,7
Schleswig-Holstein	**1.126**	**2.837.373**	**100**

Tab 1: Das Zentralörtliche System in Schleswig-Holstein heute. Quelle: (vgl. Innenministerium des Landes Schleswig- Holstein 2010, S. 80)

Im Süden von Schleswig-Holstein, am Stadtrand zu Hamburg, liegen vermehrt Mittelzentren, die im Verdichtungsraum von Hamburg festgesetzt wurden, dem sogenannten suburbanen Raum. Räumlich als nächstes davon sind Unterzentren, ländliche Zentralorte und Stadtrandkerne I. und II. Ordnung, wie es zum Beispiel Bargteheide, Barsbüttel und Sandesneben östlich von Hamburg sind.

Die nächsten zentralen Orte, die diesen kleinen zentralen Orten am nächsten sind, sind Mittelzentren und Oberzentren, wie Bad Oldesloe, Lübeck, Kaltenkirchen, Mölln und Elmshorn. Diese befinden sich nördlich und östlich von Hamburg. Im Vergleich zum übrigen Bundesland sind im Nordwesten von Schleswig-Holstein nur wenige Zentrale Orte.

Rund um die meisten Oberzentren, wie zum Beispiel Kiel (Nordosten), sind Stadtrandkerne I. und II. Ordnung festgelegt. Eine Ausnahme bildet davon Neumünster im Zentrum des Bundeslandes.
Zwischen Neumünster, mittig der Karte, und Flensburg, im Norden, sind auf westlicher und zentraler Seite keine Oberzentren festgelegt. Auf der westlichen Seite des Bundeslandes sind anteilig die meisten ländlichen Zentralorte vorhanden.

2.2 Erklärung

Die zentralen Orte und Stadtrandkerne sind durch die bereits vorliegenden Funktionen in den Orten festgelegt worden. In diesen zentralen Orten haben sich bis in die Gegenwart gewisse Versorgungs-, Wirtschafts- und Arbeitsfunktionen entwickelt. Diese Gründe sind historischem Ursprungs. Auch die Wirtschaft, geographische Lage, Versorgung, Infrastruktur, Politik, und der technische Fortschritt fließen in die Entwicklung und in den heutigen Gegebenheiten mit ein.

Die festgelegten zentralen Orte sollen idealerweise mindestens 6 und maximal 12 Kilometer voneinander entfernt sein. Grund hierfür ist, dass unter den Zentren keine Konkurrenz entstehen soll und jedes Zentrum für den Nahbereich die Relevanz für die Grundfunktion beibehalten soll.

Die Verteilung von wichtigen Oberzentren im Küstenraum der Ostsee ist kein Zufall. Dies hat historische Gründe. Generell war für den Handel die Ostseeküste besser geeignet, als die Nordsee: Die Handelspartner waren zum Teil in kürzerer Reichweite. Außerdem war die Ostseeküste für die Handelsschiffe deutlich zugänglicher. In der Nordsee musste man sich nach dem Gezeitenwechsel und nach der geringen Wassertiefe im Wattenmeer richten. Jedoch musste, um den Handel in der Nordsee nicht zum Erliegen zu bringen, eine Alternative zur Umfahrt über den Skagerrak, die mit großer Gefahr verbunden war, geschaffen werden.
Mitte des 18. Jahrhunderts wurde der Schleswig-Holsteinische Kanal fertiggestellt, der die Kieler Förde mit der Eider verbunden hat.

Lübeck war ein wichtiger Handelspartner in der Ostsee. Bevor Lübeck dies wurde, war es der Ort Haithabu. Haithabu wurde 770 n. Chr. Gegründet und das Handelszentrum für den Ostseeraum. Im 14. Jahrhundert wurde Lübeck, Aufgrund von Kriegshandlungen mit Dänemark, Hauptort der Hanse und somit ein wichtiges Handelszentrum. Lübeck hatte bis zum Beginn der Industrialisierung eine sehr große Handelsflotte aufgestellt und den Status der Hansestadt inne.

Flensburg wurde Ende des 13. Jahrhunderts das Stadtrecht verliehen und enorm im Aufbau gefördert. Schnell stieg der Handelsverkehr und Flensburg entwickelte sich zu einer bedeutsamen Stadt mit einer großen Handelsflotte.

Kiel wurde Anfang des 13. Jahrhunderts gegründet und war Mitglied der Hanse. Der Handel von Kiel war jedoch deutlich geringer als von Lübeck, was bedingt war, durch den landesherrlichen Einfluss. Die Städte Lübeck und Flensburg waren im Gegensatz dazu freie Städte. Somit wurde im 16. Jahrhundert Kiel aus der Hanse ausgeschlossen. Die Stadt hat jedoch durch andere Geschäfte an ökonomischer Bedeutung gewonnen.

Durch Geldgeschäfte (Kieler Umschlag), bei dem Schulden getilgt und neue Kredite aufgenommen wurden, trafen sich Kaufleute und Grundbesitzer aus den angrenzenden Herzogtümern, sowie aus Lübeck und Hamburg. Eine erneute Expansion der Stadt begann mit der Gründung der damals nördlichsten Universität des römischen Reichs deutscher Nation.

Zu Beginn der Industrialisierung war Kiel auch von Anfang an dabei: Es wurden Maschinenbauanstalten gegründet, die den Grundstein für den preußischen Kriegshafen und Reichskriegshafen legten.

Im Rahmen der Raumordnung ist zur Gewährleistung und nach dem Raumordnungsgesetz angestrebt, war, dass Einwohner das nächstgelegene höhere Zentrum in zumutbarer Entfernung erreichen können. Durch Prozesse, die nachfolgend erläutert werden, wurde diesem Verlangen nachgekommen, was auf Abbildung 1 zu sehen ist.

In der Nachkriegszeit kam es im Bereich der Wirtschaft, Gesellschaft und des technischen Fortschritts zu enormen Veränderungen. Durch eine erhöhte Wirtschaftskraft, Mobilität und der Verkehrsinfrastruktur hat sich die räumliche Flexibilität des Verbrauchers geändert.

Die Gesellschaft hat sich nach dem 2. Weltkrieg, zu einer Konsumgesellschaft entwickelt. Es fanden wirtschaftliche Prozessveränderungen statt. Schleswig-Holstein verlor aufgrund der Konkurrenz aus Fernost, als Produzent von Waren im sekundären Sektor an Bedeutung. Der tertiäre Sektor gewann im Laufe der Jahre immer mehr an Bedeutung, sodass dieser bereits heute eine Wertschöpfung von über 60 Prozent ausmacht. Durch die in den Nachkriegsjahren entstandene Standardisierung und der damit einhergehenden höheren Wirtschaftskraft stieg die Nachfrage. Durch den Ausbau der Verkehrsinfrastruktur und der kontinuierlichen Zunahme der PKW-Dichte stieg die Arbeitsmobilität. Durch die Verlagerung des Güterverkehrs von der Schiene auf die Straße war der Ausbau des Autobahnnetzes notwendig, welcher für den schnellen Transit von/nach Skandinavien und Ostseeraum notwendig war. Die Fehmarnsundbrücke und die Fährverbindung von Puttgarden nach Rodby stellten einen schnellen Transit nach Dänemark und Schweden her.

Es fanden räumliche und soziale Veränderungsprozesse statt, welche zu einer Suburbanisierung, besonders um Hamburg, führte. Dies erklärt die vielen Mittelzentren um Hamburg. Dort wuchs die Bevölkerung innerhalb weniger Jahre um 40 Prozent.

Zentrale Orte und Stadtrandkerne	Einwohnerzahl am			Veränderung der Einwohnerzahl					
				abolut			in %		
	31.12.1997	31.12.2002	31.12.2007	1998 bis 2002	2003 bis 2007	1998 bis 2007	1998 bis 2002	2003 bis 2007	1998 bis 2007
Oberzentren	622.761	610.819	613.830	-11.942	3.011	-8.931	-1,9	0,5	-1,4
Mittelzentren im Verdichtungsraum	199.225	203.708	206.195	4.483	2.487	6.970	2,3	1,2	3,5
Mittelzentren	321.117	318.428	318.334	-2.689	-94	-2.783	-0,8	0,0	-0,9
Unterzentren mit Teilfunktionen Mittelzentrum	91.948	92.798	93.374	850	576	1.426	0,9	0,6	1,6
Unterzentren	279.654	286.714	288.015	7.060	1.301	8.361	2,5	0,5	3,0
ländliche Zentralorte	105.540	112.073	112.423	6.533	350	6.883	6,2	0,3	6,5
Stadtrandkerne I. Ordnung mit Teilfunktionen Mittelzentrum	24.702	24.960	25.516	258	556	814	1,0	2,2	3,3
Stadtrandkerne I. Ordnung	71.461	73.862	74.643	2.401	781	3.182	3,4	1,1	4,5
Stadtrandkerne II. Ordnung	195.680	202.096	204.373	6.416	2.277	8.693	3,3	1,1	4,4
Zentrale Orte und Stadtrandkerne insgesamt	1.912.088	1.925.458	1.936.703	13.370	11.245	24.615	0,7	0,6	1,3
Gemeinden ohne zentralörtliche Einstufung	844.385	891.049	900.670	46.664	9.621	56.285	5,5	1,1	6,7
Schleswig-Holstein	2.756.473	2.816.507	2.837.373	60.034	20.866	80.900	2,2	0,7	2,9

Tab 2: Die Entwicklung der Zentralen Orte in Schleswig- Holstein seit 1998. Quelle: (vgl. Innenministerium des Landes Schleswig- Holstein 2010, S. 82)

In Tabelle 2 kann die eben beschriebene Veränderung nachvollzogen werden. Zwischen 1998 und 2007 sank die Einwohnerzahl in den Ober- und Mittelzentren um 1,4 bzw. 0,9%, wobei die Bevölkerung in den Mittelzentren im Verdichtungsraum um 3,5% gestiegen ist.

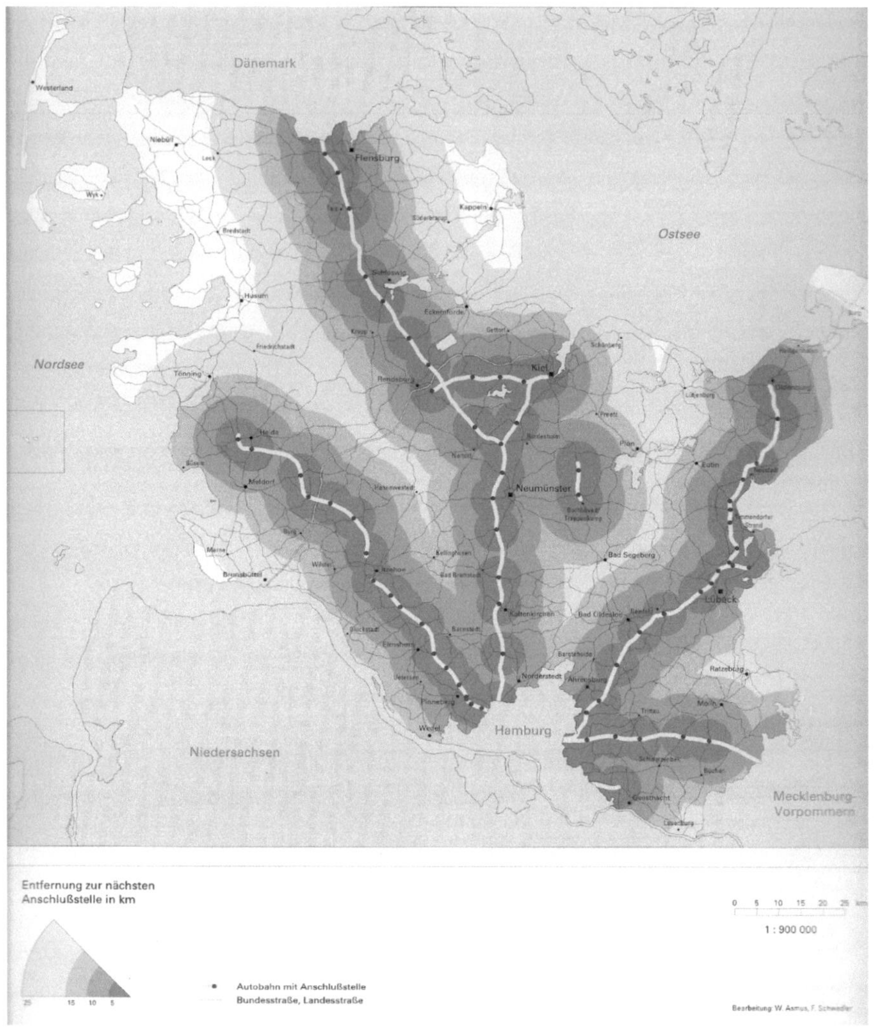

Abb. 1: Autobahnferne in Schleswig-Holstein. Quelle: (vgl. Lange 2004, S. 121)

Die Landesentwicklungsachsen (Abb. 2) sind eine Ergänzung zum zentralörtlichen System. Sie orientieren sich an den Bundesautobahnen. Die Landesentwicklungsachsen sollen zu verbesserten räumlichen Standortbedingungen beitragen. Hauptverbindungsachsen verbinden hierbei die Landesentwicklungsachsen.

Bei diesen wird primär die Erreichbarkeit von gewerblichen Schwerpunkten betrachtet. Damit das Bundesland interregional und international wettbewerbsfähig bleibt, ist dieser Punkt besonders wichtig. Insbesondere, da Arbeitsplätze davon abhängig sind.

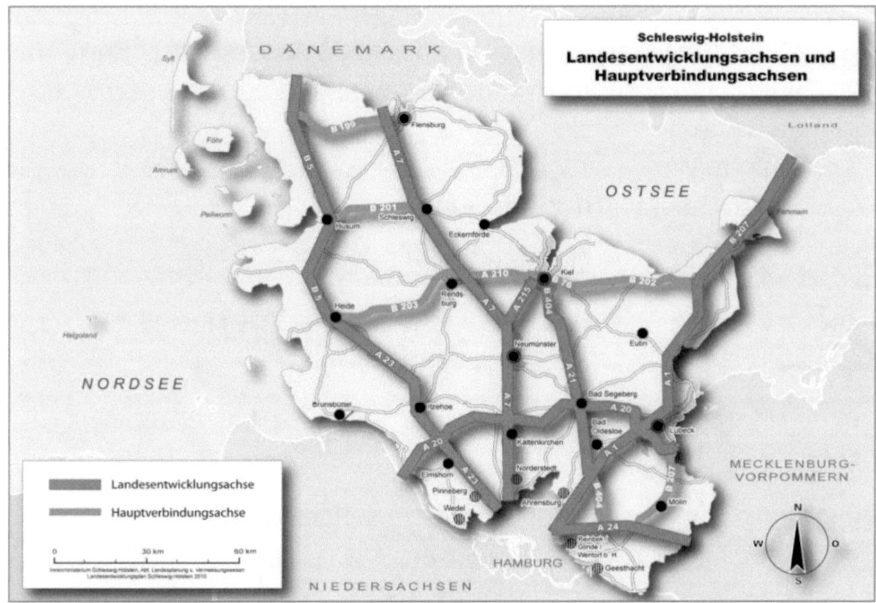

Abb. 2: Die Landesentwicklungsachsen und Hauptverbindungsachsen von Schleswig- Holstein. Quelle: (vgl. Innenministerium des Landes Schleswig- Holstein 2010, S. 33)

3. Fazit

Durch die Erläuterungen zum vorliegenden Kartenblatt ist es verständlich, dass die unregelmäßige Verteilung zentraler Orte kein Zufall ist, sondern die Festlegung durchdacht wurde. Es wird darauf geachtet, dass die Bevölkerung zeitnah und mobil in einem nächsten zentralen Ort gelangt und die Versorgungs-, Wirtschafts- und Arbeitsmarktfunktion wahrnehmen kann. Die wirtschaftlichen, politischen und technischen Entwicklungen, die viele Mittel- und Oberzentren erlebt haben, sind vielseitig. Auch in Zukunft muss für eine optimale Versorgungsfunktion der Bevölkerung an diesem Instrument der Raumplanung festgehalten werden.

BOHN, R. 2006): Geschichte Schleswig-Holsteins. – München.

DEGN, C. (1979): Topographischer Atlas Schleswig-Holstein und Hamburg. – Neumünster.

GESETZ zur NEUFASSUNG DES LANDESPLANUNGSGESETZES UND ZUR AUFHEBUNG DES LANDESENTWICKLUNGSGRUNDSÄTZEGESETZES (27.01.2014): <http://www.schleswig-holstein.de/STK/DE/Schwerpunkte/Landesplanung/Pdf/landesplanungsgesetz2014__blob=publicationFile.pdf>. (Stand 2014) (Zugriff: 20.03.2014).

HAKE, G. (1985): Kartographie II. – Berlin.

HARTWIG, J. (2004): Historischer Atlas Schleswig-Holstein: vom Mittelalter bis 1867. – Neumünster.

HÜTTERMANN, A. (1978): Karteninterpretation in Stichworten: II Thematische Karten. – Kiel.

INNENMINISTERIUM DES LANDES SCHLESWIG-HOLSTEIN (2010): Landesentwicklungsplan Schleswig- Holstein 2010. - Kiel.

KULKE, E. (2009): Wirtschaftsgeographie. – Paderborn.

LANDESVERORDNUNG ZUR FESTLEGUNG DER ZENTRALEN ORTE UND STADTRANDKERNE EINSCHLIEßLICH IHRER NAH- UND MITTELBEREICHE SOWIE IHRE ZUORDNUNG ZU DEN VERSCHIEDENEN STUFEN (VERORDNUNG ZUM ZENTRALÖRTLICHEN SYSTEM) (ZÖSysV SH 2009) (2009): <http://www.gesetze-rechtsprechung.sh.juris.de/jportal/?quelle=jlink&query=Z%C3%96SysV+SH&psml=bsshprod.psml&max=true&aiz=true>. – In der Fassung der Bekanntmachung vom 8. September 2009 (Stand: 2009) (Zugriff: 01.03.2014).

LANGE, U. (2004): Historischer Atlas Schleswig-Holstein: seit 1999. – Neumünster.